空气凤梨

初学者手册

AIR PLANT
A BEGINNER'S GUIDE

俞禄生　刘伟忠

新锐园艺工作室

中国农业出版社

北京

外星系植物

在植物王国中，有一种奇特而优美的花卉，不需要栽种在泥土中，放在空气中就能正常生长，这种神奇的植物叫"空气凤梨"。空气凤梨具有惊人的适应能力与耐力，从原生地移植到其他地方，能够很快适应新的环境，故被称为"外星系植物"。它白天吸收甲醛、苯烯物，夜间吸收二氧化碳，是最适合繁忙都市人栽种的植物，是一种不需多花时间照顾的"懒人花"。

内容提要

空气凤梨品种繁多，形态各异，既能赏叶，又可观花。本书根据空气凤梨叶片的形状、质地、花形、花色等形态特征，重点介绍了一批观叶、观形、观花类型的品种。在再版过程中，又增加了一些花多、花大、花繁的品种，这些品种大部分在春节前后开花，可制作空气凤梨花球，以丰富春节花市。同时这些品种及杂交种具有耐阴、耐低温、常绿、彩叶、株型独特，便于管理的特点，莳养简单，成为都市花卉爱好者的新宠。

空气凤梨具有装饰效果好、适应性强等特点，不用泥土即可生长茂盛，并能绽放出鲜艳的花朵，可粘在古树桩、假山石、墙壁上，放在竹篮里、贝壳上，也可将其吊挂起来，点缀居室、办公室、会议室、阳台，时尚清新，富于自然野趣。这次对空气凤梨的修订再版，是应花商、花卉生产者、生态景观设计师及广大爱好者的要求，在取材上，增加了空气凤梨集群组景、架构组合花艺、生态绿墙造景、空气凤梨植物雕塑、室内生态环保装饰等现代室内植物造景技术内容，最大程度地吸引广大读者的参与性和呈现空气凤梨的实用性。

空气凤梨的主要原产地在中美洲，我国至今未发现空气凤梨的自然分布。目前市场上的空气凤梨主要来自进口，空气凤梨的国产化迫在眉睫。因此，本书还简要介绍了空气凤梨的繁育方法。

空气凤梨植株的特殊构造，独特株型以及抗逆性强，适应性好，似乎使其成了无需管理的植物，"只要丢着就会活"。但真正全无管理，不久就发现空气凤梨一天天憔悴，最后果真变成了不需管理的干花！

了解空气凤梨的生长习性，掌握空气凤梨的室内养护知识，并给予适当的环境，才能达到不多花时间管理也能顺利生长的境界。

前言 —PREFACE

　　空气凤梨通过近几年的发展，已在各个花展、花博会上开始崭露头脚，它的出现，立刻引起了人们的兴趣，人们对于这种无需泥土、不要花盆的"无根植物花卉"及其装饰制品非常喜爱，花卉市场上开始销售空气凤梨许多品种的单株植物及空气凤梨生态艺术品，网上销售也十分火爆，成为了办公室、家庭居室等场所绿艺装饰的高档配饰产品，起到了净化室内空气、绿化居室环境、美化生活空间的作用。空气凤梨是一类奇异的花卉，花卉产业中的一支新军。

　　早在几年前，江苏省农林厅就将"空气凤梨新品种选育"列为省政府"新品种、新技术、新知识"农业三项工程的重点课题，组织高校、科研单位、推广部门相关专家开展研究，并成立了"江苏省室内净化空气植物与绿艺装饰工程技术研究开发中心"。本书在初次编写和再版过程中大量采用了这方面的研究成果，其中有些内容是具有自主知识产权的专利技术。同时，书中也介绍了国外对空气凤梨的研发实例，以飨广大读者。本书可作为花卉生产、销售、室内装饰、园林工程等行业的工具书，亦可作为农林类大专院校园艺、环境艺术、园林工程等相关专业的教学参考书。

在本书编写过程中得到了许多朋友的关心与支持，参考并借鉴了国外同行的作品。日本友人芝崎裕也先生、大原兴太郎教授为本书的编写提供了相关的研究资料。郑凯、丁久玲、宿静等花卉专业研究生参与了本书的整理和校对工作，南京源玺环境艺术有限责任公司在绿艺环保装饰实践中作了大量工作，在此一并表示感谢。

由于空气凤梨是20世纪末至21世纪初国外开始兴起的新品种花卉，而我国近几年才开始大量引入，因此关于空气凤梨的资料不是很多，国内到目前为止尚无空气凤梨的专著，参考资料不多，加上时间仓促，难免出现疏漏，欢迎读者朋友们指正。

编　者

2019 年 1 月

目录
Contents

前言

Part1 概述

Part2 空气凤梨的特性特征

Part3 空气凤梨的常用栽培种及管理

Part4 空气凤梨的繁育

目录
Contents

Part 1

概　述

空气凤梨（*Tillandsia*）又名铁兰花，为凤梨科（Bromeliaceae）铁兰属景天科酸代谢（CAM）类多年生常绿草本植物，大部分为气生或附生型。由于该种植物生长在空气中与泥土无关，能对空气起净化作用，所以称之为空气凤梨，英文名 Air plant。

植物学家林奈（Carolus Linnaeus）于1753年发表于期刊《Species Plantarum》的文章，首先称一种美国乔治亚州常见的苔藓球为*Renealmia recurvata*，1762 年在同一刊物上正式定名为*Tillandsia recurvata*。一般美洲常见的西班牙苔藓亦被称为*Tillandsia usneoides*。此属名的出处乃是纪念植物学家Tillands。空气凤梨直到20 世纪80年代才在国外流行，我国则是近几年才开始引种的。

空气凤梨的分布

空气凤梨主要分布在美洲,从美国东部弗吉尼亚州穿过墨西哥、中美洲,一直延伸到阿根廷南部,大部分品种皆来自拉丁美洲。

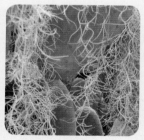

■ 原生地仙人掌上的空气凤梨

空气凤梨广大的分布范围,显示出其强大的适应能力。许多种类栖息于沼泽区、热带雨林区、雾林区;还有一些生存在干旱高热的沙漠或岩石上、树木及仙人掌、电线杆、电线等上面,以附生方式绵延了数千英里,从海平面到两三千米的山上都有其踪迹。少数原生种因其特殊的生长条件则局限分布在单一山谷或山区。空气凤梨生长的环境范围很广,不同品种各有其喜爱的环境,大部分品种生长在干燥的环境,小部分则喜潮湿环境。

■ 电线上的空气凤梨

🌱 空气凤梨的分类

空气凤梨约 550 个原生种和 90 个变种，以及无数的杂交种，而新品种还在不断增加。因此成为凤梨（*Bromeliaceae*）家族中最多样的一群。其花瓣和苞片的颜色十分丰富，花瓣有白、黄、蓝和紫蓝等各种颜色组合，苞片有红、粉红、紫红等颜色，构成了多彩多姿的美丽群族。现在市场出售的空气凤梨，大部分为人工培育。只有极少数原产地生长的品种，在中南美洲国家出售。有些原生种更被列入华盛顿公约受保护物种之内，如霸王空凤。

① ⚬ 按生长形态分

包括附生型、地生型和气生型 3 种不同的生长形态。其中以气生型和附生型为主。

■ 原产地的地生型空气凤梨

■ 附生在树干上的附生型空气凤梨

■ 气生型小精灵空气凤梨

② 按叶形分

　　包括硬叶、松萝、软叶、阔叶等不同的类型，其中软叶、硬叶、松萝种类为假根型，根系完全退化。而阔叶种类为过渡型，根系并未完全退化，能起到固定植株的作用。

■ 硬叶类型

■ 软叶类型

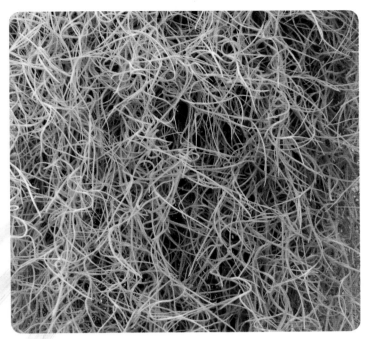

■ 挂在空中生长的松萝凤梨

■ 根扎在泡膜板上的阔叶类型

空气凤梨的作用

1 · 吸收有害气体，净化室内空气

经权威机构测定，空气凤梨具有较强的吸收甲醛和苯烯物等对人体有害气体的功能，能"吞噬"室内96%的一氧化碳、86%的甲醛和过氧化氮等，是室内有害物质的"吞噬者"，被认为是最有效的"生物净化器"。新装修的办公室、家居等场所，应该选择此类植物来净化室内空气，改善生活环境。

2 · 夜间吸收二氧化碳，营造居室绿色氧吧

为了改善居室等生活环境，很多人都把营造绿色氧吧纳入自己的生活计划。空气凤梨为CAM（景天科酸代谢）类环保植物，夜间不仅不释放二氧化碳，反而还会吸收二氧化碳，可相对增加室内氧气浓度，还具有杀菌的效果。这类植物在白天关闭叶片背面的气孔，到了晚上，待周围环境气温降低到适当温度后，才开启叶片背面的气孔，吸收二氧化碳。

3 · 装饰美化，形成绿色视野，陶冶情操

空气凤梨品种繁多，形态各异，既能赏叶，又可观花，具有装饰效果好、适应性强等特点，不用泥土即可正常生长，并能绽放出鲜艳的花朵，可粘在古树桩、假山石、墙壁上，或放在竹篮里、贝壳上，也可将其吊挂起来，点缀居室、客厅、阳台等处，时尚清新，富于自然野趣。

④　管理简便

　　地球上最容易栽种的植物，耐旱、耐光、耐风、耐阴、耐热、耐寒。不需土壤、不要花盆、不滋生蚊虫。依靠吸收空气中水分生存，白天吸收甲醛、苯烯物，夜间吸收二氧化碳，是最适合繁忙城市人栽种和不多花时间照顾的懒人植物。

Part 2

空气凤梨的特征特性

　　大部分空气凤梨品种生长在干燥的环境，小部分则喜潮湿环境。生长在雨林气候或其他湿气较重的、林荫地区的品种的叶片具有宽阔、青绿的特征，花朵较大，但色彩较为单一。它们以附生的方式栖息于另一种植物或树干上，时间久了，还会逐渐长出根来，借以固定植株本身。可由种子或侧芽繁殖下一代。干燥地区的品种则有完全不同的外形，其植株较小、具针叶或硬叶，通常一整丛群聚而生，借以减少水分蒸发。它们依靠叶表面大量的鳞片吸收雨水、露水或雾气及养分，由于它们靠叶面吸取空气中的水分生存，其植株形态及结构产生了许多变化，包括贮水组织、复杂的鳞片、叶片数量减少、根部退化、体积缩小、增加种子数量等。

空气凤梨的形态特征

空气凤梨无论大小、色泽、形态、花色、叶数等均变化多端，大小3厘米至3米不等，叶片颜色有绿、灰白、橙色、紫红等，形态为玫瑰状、线状、章鱼状、海胆状、独生或聚生状等，花色有黄、绿、红、紫、白、紫红等，有些品种的花具有香味。

① 植株形态呈圆球状、莲座状、筒状或线状等

■ 圆球状

■ 莲座状

■ 线状

■ 辐射状

■ 鳞茎状

■ 筒状

②〰️ 叶片有披针形、线形、直立形、弯曲形或先端卷曲形等

■ 披针形

■ 线形

■ 弯曲形

■ 先端卷曲形

③ 叶色

■ 银白色

■ 红色

　　叶色除绿色外，还有灰白、蓝灰等色，有些品种的叶片在阳光充足的条件下，叶色还会呈现美丽的红色。叶片表面密布白色鳞片，但植株中央没有"蓄水槽"。

■ 蓝灰色

■ 紫色

■ 空气凤梨的复穗状花序

穗状或复穗状花序从叶丛中央抽出，花穗有生长密集且色彩艳丽的花苞片，小花生于苞片之内，有绿、紫、红、白、黄、蓝等颜色，花瓣3片，花期主要集中在8月至翌年4月。蒴果成熟后自动裂开，散出带羽状冠毛的种子，随风飘荡，四处传播。

空气凤梨主要开花期在秋末至翌年早春（原产地）。不同品种的空气凤梨在不同季节开花，所有不同种类的空气凤梨都会开花，但花期不同，这完全受遗传基因的影响，与气候无关。

■ 空气凤梨的单穗状花序

在花期后（有时在花期中），植株会长出子株，子株依附母株的主干吸收养分逐渐长大。群生的植株是由于母株跟多代子株联结而成，不会分离。

■ 早春开花的贝吉

■ 空气凤梨子株

空气凤梨的花色较为丰富，通常由两部分组成（苞片和花瓣），有的品种苞片和花瓣颜色较为一致，有的为两种颜色。

■ 红色苞片和蓝色花瓣

■ 黄色花瓣

■ 红色苞片

■ 紫色花瓣

■ 蓝色花瓣

🌱 空气凤梨的生长习性

① ⟶ 依靠叶面吸收水分和养分

在长期的进化过程中，空气凤梨已不再像绝大多数植物那样要靠根系吸收养分和水，而是依靠自身独特的叶面上的"保卫细胞"——密布的白色鳞片吸收空气中的养分和水分。它们的根部已经退化成木质纤维，只能起到一定的固定作用，失去了一般植物"根"的功能。所以松萝凤梨的根系可以完全暴露在外而不影响生长，有时甚至看不到它的根。所需要的水分和养分完全由叶面吸收，所以其植株形态亦随之发生特殊的变化，包括叶片上的贮水组织、叶片上密布鳞片、叶片数量减少、根部退化等。

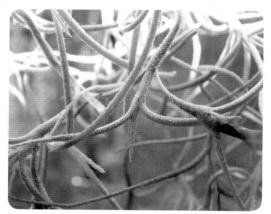
■ 无根的松萝凤梨

■ 叶片上密布白色鳞片

② ⟶ 对空气环境要求高

空气凤梨对逆境的适应力极强，耐旱，可附生在树干、石壁甚至仙人掌上。但空气凤梨需要空气流通，千万不要把它放在缸里，否则会闷坏。空气凤梨在温暖湿润、阳光充足、空气流通处生长最好。

③ 空气凤梨不同品种各有其喜爱的环境

　　一般可依外观来分类：叶片较粗硬、叶色较银白的品种，可以适应较干燥且日照较强的环境；叶片较软、叶色略银白的品种，喜欢湿度高但阳光不过分强烈的环境；叶色较绿的品种，则喜欢湿度高且遮阴的环境。

■ 叶片较硬、叶色银白的品种

　　大多数较高级的空气凤梨看上去呈灰白色，这是由于叶面密布鳞片所致，以反射光线、避免灼伤及预防水分蒸发。越是暴露于日光下的品种，其鳞片也越密集。

■ 叶片较软、叶色略银白的品种

■ 叶色较绿的品种

🌱 空气凤梨的生物学特性

① ⟶ 光照

空气凤梨对阳光的要求因品种而异，叶片较硬、呈灰色的需要充足的阳光或较强的散射光，而叶片为绿色的品种对光线要求不高，在半阴处或室内都能正常生长。空气凤梨在室内栽培应放在有明亮光照处，如果光照不足会导致植株徒长、瘦弱。

② ⟶ 温度

空气凤梨可在 7 ～ 38℃的温度条件内正常生长，但不代表能忍受长期极点的温度。室温 15 ～ 30℃为其最佳生长温度。如温度在 32 ～ 38℃又持续晴天和极干热的情况下，需注意喷水。若天气炎热且连日阴雨，应注意通风，亦可用空调抽湿和降温。大部分空气凤梨在5℃以下停止生长，10℃以下注意减少浇水。华北地区冬天室内有暖气，空气十分干燥，需留意补充水分。江南及华南地区，冬天若在0℃以上，可以不用加温，但要在晴天温暖的日子浇水。在干燥环境下，可忍受0℃左右的低温。

■ 适度遮阳条件下的生长状况

■ 温室条件下的生长状况

③ 耐旱性

空气凤梨大部分为附生型植物。此类植物对干旱有相当大的忍耐性，因形态及生理上有许多机制帮助适应干旱逆境，使其可生存于干湿季明显的地区。附生型空气凤梨的叶面有贮水组织贮存水分，叶密布茸毛，帮助吸收水分和养分。贮水组织在叶面横切面的分布比例由 0% ~ 53% 不等，缺水时，会先消耗此部分的水分。空气凤梨的叶肉细胞较一般细胞有较大的液泡和较少的叶绿体。水势和渗透压在缺水 30 天内无显著差异，平均为 − 0.40 兆帕与 − 0.47 兆帕，均很少低于 − 1.0 兆帕。因而空气凤梨大部分品种对空气湿度的要求不高。

④ 光合作用

空气凤梨白天叶片背面的气孔关闭，到了晚上，待周围环境气温降低到适当温度后，气孔开启，吸收二氧化碳。具有这种特殊代谢途径（景天科酸代谢）的植物简称为 CAM 类植物。CAM 类植物夜间吸收二氧化碳，能有效降低局部环境的二氧化碳浓度。因此，可利用这一特性营造居室绿色氧吧。

Part 3

空气凤梨的
常用栽培种及管理

松萝空气凤梨

松萝凤梨（*Tillandsia usneoides* 'Spanish moss'）又称老人须凤梨、苔花凤梨、松萝铁兰，是凤梨科铁兰属多年生草本植物。松萝凤梨是一种十分奇特的植物，它的外形与其说是一种具有生命的观赏植物，倒不如说是一束干草更为贴切，既像胡须又像假发。

松萝凤梨的茎、叶呈线状，全株灰绿色，在适生地可达3米，具有很多分枝。叶片上密布鳞片以吸收空气中的水分和养分的鳞片，所以松萝凤梨又有空气草之称。松萝凤梨淡绿色的小花气味浓香。

■ 松萝凤梨的叶

■ 松萝凤梨的花

① 种类

松萝凤梨依叶片的大小、叶形、茎的粗细可分为：

（1）粗叶南美洲松萝凤梨 松萝凤梨中的大型种，叶片呈筒状、厚实。表现为叶长、茎粗、节间较长。叶长约3.5厘米，宽约1厘米，节间长约4厘米，全株布满鳞片，呈银灰色。原产巴西、墨西哥海拔1～3千米阳光充足的高原山区。附生于树木、岩石上。

■ 粗叶南美洲松萝凤梨的叶布满鳞片

（2）卷叶松萝凤梨 松萝凤梨中的中型种，叶片呈筒状、较薄。表现为叶片卷曲、茎细、节间较长。叶长约3厘米，宽约0.5厘米，节间长约3厘米，全株布满鳞片，呈银绿色。原产墨西哥、美国，附生于树木、岩石、仙人掌和沙石上。

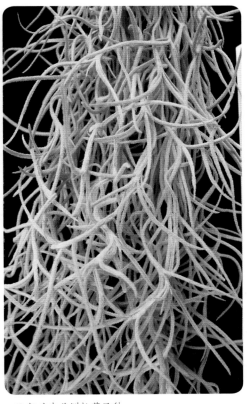

■ 粗叶南美洲松萝凤梨

■ 卷叶松萝凤梨

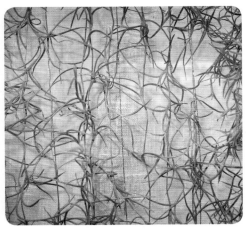

■ 卷叶松萝凤梨的叶布满鳞片

空气凤梨初学者手册

（3）细叶松萝凤
梨　松萝凤梨中的小型种，
叶片呈筒状、细如针状。表
现为叶片细直、茎细、节间
较长。叶长约3厘米，宽约
0.1厘米，节间长约4厘米，
全株布满鳞片，呈银色。原
产墨西哥、美国，附生于树
木、仙人掌和电线上。

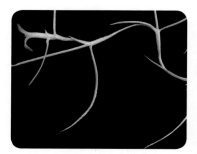

■ 细叶松萝凤梨的花

■ 细叶松萝凤梨

■ 细叶松萝凤梨的叶

② 栽培管理

(1) 习性　松萝凤梨生长的适宜温度为 15 ～ 25℃，能耐 -5℃的低温，而且对温度的变化适应性较强，不管是炎热的夏天或寒冷的冬天都能忍受，所以在华南地区栽培无需防寒措施，只要移入室内光亮之处即可。本种具有惊人的适应能力与耐受性，从原产地移植至其他地方，在新环境中，它们能作很好的调适，即使折断或弄伤枝干也能存活，若环境适宜还能长出子株延命。所以空气凤梨被称为"外星系植物"。

(2) 繁殖　种子繁殖和分株繁殖。松萝凤梨开花期主要介于秋末早春间，但在室内种植没有固定花期，只要在合适的条件下，植株达到成熟阶段，随时都能开花结果（此时要用透光纱布袋扣在茎上，防止种子散落），种子能在花茎上发育长出小苗。分株繁殖，母株的主干长到一定的长度（80 厘米以上），在主干的假根处剪断分株，子株用绳线挂起即可生长。

（3）栽培养护　松萝凤梨的种植是所有空气凤梨中最简单的，只要挂起来就可以正常生长。它喜欢温暖、高湿、光照充足的环境，耐干旱，但夏季高温时应避免阳光直射，否则会灼伤叶片。光照不足时，银色的叶片会变绿，茎和叶会变得软弱，从而使整个植株失去生气而显得暗淡无光。主要利用叶片上密布的具有吸收作用的银白色鳞片，直接从空气中吸收水分和养分；同时气孔白天关闭，夜间开放，以保证水分能充分地贮藏，防止水分过多的散失，从而适应在干旱的环境。平时 2 ~ 3 天使用喷水器喷雾 1 次就可以了，每月用稀薄的液肥喷 1 次。注意叶芯不能积水，严重脱水时需在水中浸泡 1 小时，取出将水沥干。

（4）病虫害　松萝凤梨抗逆性强，很少有病虫危害。但在通风不良或是气温过高的条件下，偶有蓟马危害，可用稀薄的洗衣粉液或 40% 氧化乐果乳油 1000 倍液喷杀。

🌱 硬叶类型空气凤梨

干旱地区的硬叶品种通常一整丛群聚而生，借以减少水分蒸发。叶片革质或硬革质。植株呈莲座状、筒状、线状或辐射状，叶片有披针形、线形、直立、弯曲或先端卷曲。叶色较为丰富，有紫红、蓝灰等色，有些品种的叶片在阳光充足的条件下，叶色呈美丽的血红色。有些品种叶片表面密布白色鳞片，呈银灰色。但植株中央没有"蓄水槽"。附生于树上、石上、悬崖上，甚至于仙人掌上。

1 种类

大多数空气凤梨为硬叶类型，品种及杂交种繁多。一般依株型及叶形可分为：

（1）小精灵（*Tillandsia ionantha*）系列

植株呈莲座状，株型紧凑，叶片披针形，小型种。大多数品种开花时，植株上部叶片呈鲜红色，部分品种为黄色。苞片一般为红色或灰绿色，花瓣有紫色、黄色和白色，极具观赏性。既可单生，又可丛生成球，十分壮观。原产墨西哥。

锥头小精灵（*Tillandsia ionantha* 'Conehead'）小精灵凤梨中株型较大的一种，株型紧凑，形状如锥头，开花时上部叶片鲜红色，花瓣紫色。

红叶小精灵（*Tillandsia ionantha var. stricta*

■ 红叶小精灵

'Rosita') 又称罗西塔小精灵铁兰的针叶型变种，是由园艺家 Koide 培育出来的，它是小精灵系列铁兰中叶片颜色最红的变种，其叶片颜色周年保持微红，开花时叶色最为鲜艳。

🌿 **白花小精灵**（*Tillandsia ionantha* 'Druit'） 又称德努侬，小精灵系列铁兰中叶片为黄色的变种，开花时上部叶片为淡黄色，花瓣白色。

🌿 **花生小精灵**（*Tillandsia ionantha* 'Peanut Clump'） 俗称花生米，小精灵凤梨中株型较小的一种，株型紧凑，可从植株基部辐射状分生出 3 ~ 5 个子株，形如花生，开花时上部叶片鲜红色，花瓣紫色。

🌿 **黄花小精灵品种**（*Tillandsia ionantha* 'Variegata'） 俗称线艺，小精灵系列铁兰中叶片为绿色的变种，开花时上部叶片有白色条纹，花瓣金黄色，是墨西哥的珍稀种。

■ 白花小精灵 ｜ ■ 花生小精灵

■ 黄花小精灵 ｜ ■ 锥头小精灵

（2）斯垂科特（*Tillandsia stricta*）系列　植株呈彗星状，株型紧凑，叶片直立、质地较硬，密生在短茎上，中型种。叶色丰富，大多数品种植株以绿色叶片为主，部分品种叶片为紫色、银灰色、紫绿双色等。单穗状花序，穗轴较长，花大，苞片有红色、粉色、白色等，花瓣颜色一般为紫色，极具观赏性。既可单生，又可丛生成球，十分壮观。原产巴西。

✳　索兰德斯垂科特（*Tillandsia stricta* 'Solander'）　丛生多花型，苞片红色，花轴长，花多，花期长。叶灰绿色，是斯垂科特系硬叶系列中叶片比较柔软的一种。

✳　硬叶斯垂科特（*Tillandsia stricta* 'Rigid Leaf'）　单生硬叶型，叶片绿色。开花时，苞片粉红色，花大，花形美观，花期长。

✳　肉叶斯垂科特（*Tillandsia stricta* 'SuccuLent Leaf Form'）　肉质叶大型种，肉质叶片密生在短茎上，叶绿色。开花时苞片红色，花大穗长，花形美观，花期长。

✳　白天使斯垂科特（*Tillandsia stricta* 'Angle white'）　硬叶小型种，株型紧凑，叶片白色，色彩独特，苞片红色，花大穗长，花形美观。

✳　银星斯垂科特（*Tillandsia stricta* 'Silver Star'）　硬叶小型种，株型紧凑，叶片银色，色彩独特，苞片红色，花大穗长，花形美观。

✳　黑美人斯垂科特（*Tillandsia stricta* 'Black Beauty'）　硬叶小型种，株型紧凑，叶片黑紫色，色彩独特，苞片红色，花大穗长，花形美观。

✳　绿美人斯垂科特（*Tillandsia stricta* 'Green Clump Large'）　硬叶小型种，株型紧凑，叶片绿色，苞片红色，花大穗长，花形美观。

✳ **丛生斯垂科特**（*Tillandsia stricta* 'Large Clump'） 丛生多花型，硬叶中型种。苞片红色，花轴长，花多，花期长。叶片绿色，是斯垂科特系硬叶系列中分枝性强、丛生紧密，可形成花球的一个品种。

✳ **斯垂科特杂交种** [尼格勒×斯垂科特（Neglecta×Stricta）] 单生硬叶小型种。叶片绿色，株型紧凑。花穗短，苞片粉色。

■ 白天使斯垂科特　　　■ 硬叶斯垂科特

■ 肉质叶斯垂科特　　　■ 索兰德斯垂科特

■ 银星斯垂科特　　　　■ 黑美人斯垂科特

■ 绿美人斯垂科特

■ 丛生斯垂科特

■ 尼格勒 × 斯垂科特

（3）**青铜气花**（*Tillandsia aeranthos* ‘**Bronze**’）**系列**　植株团状、丛生、株型紧凑，叶片直立、较硬，互生在长茎上，中型种。多数品种叶片为青铜色，单穗状花序，穗轴较长，红色，苞片粉红色，有芒。花多、色艳，花瓣多为紫色或淡紫色，极具观赏性。既可丛生成球，又可单生。原产巴西。

　■ 丛生青铜气花

　■ 杂交青铜气花

　■ 球状青铜气花

■ 大气花杂交

✿ **丛生青铜气花**（*Tillandsia aeranthos* L.B.Mith） 丛生多花型，苞片红色，花轴长，花多，花期长。叶灰绿色，是青铜气花系列中最耐旱的一种。

✿ **杂交青铜气花**（*Tillandsia aeranthos* 'Hybrid'） 叶片银白色，单穗大花型，苞片红色，花轴长，花期长。是青铜气花系列中叶色比较独特的一种。

✿ **球状青铜气花**（*Tillandsia aeranthos* 'Bronze'） 叶片青铜色，茎粗弯曲，叶长厚实。单穗大花型，苞片红色、有芒，花紫色，花期长。丛生成球，株型紧凑。

✿ **大气花杂交**（*Tillandsia aeranthos* 'Hybrid Giant'） 单生种，叶片金黄色，茎粗弯曲，叶长厚实。单穗大花型，花轴长，苞片红色、有芒，花紫色，花期长。

（4）贝吉（*Tillandsia bergeri*）**系列** 贝吉叶片线状披针形，硬革质，轮生于茎上，长约6厘米，中部以上向外弯曲，先端尖锐，茎粗叶大，浅绿色密被灰白色鳞片。穗状花序从叶丛中央抽出，花序长6～8厘米，苞片卵形粉色，花瓣紫蓝色，全年可多次开花。在植株周围常分蘖出数个小的植株，小植株长大与母株抱为一团呈丛生状。贝吉较耐低温，适应性强。原产于阿根廷首都布宜诺斯艾利斯南方，以及委内瑞拉的多岩地带。

✳ **团状丛生贝吉**（*Tillandsia bergeri* 'Clump Large'） 在植株基部常分蘖出数个小的植株，小植株长大与母株抱为一团呈丛生状，有排球大小，多花型。

✳ **米瑞贝吉**（*Tillandsia bergeri* 'Mez'） 叶片线状披针形，硬革质，灰绿色穗状花序从叶丛中央抽出，花序短，苞片卵形粉色，花瓣淡紫色，全年可多次开花，较耐低温，0℃以上开花，始花期在春节前后。

❋ 杂交贝吉（*Tillandsia bergeri* 'Hybrid'） 植株既可丛生，又可单生。株型松散，穗状花序从叶丛中央抽出，花序轴长6～8厘米，苞片卵形粉色，花瓣紫蓝色，春节前后开花。杂交贝吉较耐低温，适应性强生长较快。

■ 杂交贝吉

■ 团状丛生贝吉

■ 米瑞贝吉

（5）蒙大拿（*Tillandsia montana*）系列　　植株呈彗星状，株型紧凑，叶片直立、硬质，密生在短茎上，中型种。大多数品种植株以绿色叶片为主，部分品种叶片为紫色。单穗状花序，穗轴较短，花大，极具观赏性。以单生为主，部分丛生。4月初花苞出现，4月中下旬为盛花期，花白色，3瓣，筒状，大部分品种的苞片为粉色，花序轴长约6厘米。花药红色，柱头白色。原产美国南部。

🌑　丛生蒙大拿（*Tillandsia montana* 'Clump Form'）　株型紧凑，叶片直立、较硬，密生在短茎上，叶片浓绿色，上部叶片的叶腋处常丛生3～5个小植株。

🌑　单生蒙大拿（*Tillandsia montana* 'Large Form'）　叶大茎粗，叶片浓绿色，披针形。

🌑　紫色蒙大拿（*Tillandsia montana* 'Purple Form'）　叶片直立、较硬，密生在短茎上，叶片紫色，苞片红色。

🌑　大蒙大拿（*Tillandsia montana* 'Giant'）　俗称巨大拿，株型紧凑，叶片直立、较硬，密生在长茎上，叶片淡绿色。

■ 紫色蒙大拿

■ 丛生蒙大拿

■ 单生蒙大拿

■ 大蒙大拿

（6）鳞茎类空气凤梨　叶片管状，常向各个方向微卷，叶片7～10片，以绿色为主，部分品种为灰绿色，开花时叶片呈红色，有稀疏的斑点。管状叶片的叶鞘膨大，基部中空，是一种蚁栖的凤梨科植物，也是铁兰植物中株型奇特，较耐阴、耐湿的种类。

　　胡克鳞茎铁兰（*Tillandsia bulbosa* 'Hooker'）　俗称小蝴蝶、小章鱼。管状叶片细长，松散微卷，叶鞘膨大，螺旋状排列，呈竹笋状。原产于墨西哥的高原干旱地带。

　　米兹布思铁兰（*Tillandsia butzii* 'Mez'）　叶片管状，细长，长15～20厘米，深绿色，常下弯，基部有一宽阔的鞘。叶片上有密密麻麻的斑点，耐湿。

　　章鱼铁兰（*Tillandsia caput-medusae* E. Morren）　俗称女王头、蒙都莎。半圆管状叶片丛生，灰绿色，顶端部分常弯曲，密被银灰色鳞片，基部有一宽阔的鞘，如游动中的章鱼。复穗状花序由茎端抽出，花苞片红色，小花筒状，淡紫色，花药黄色，开放时伸出花苞片之外。原产于墨西哥和古巴等地的高原地区。

　　犀牛角（*Tillandsia circinnatoides* 'Matuda'）　俗称象牙。叶片呈管状卷曲，长10～15厘米，基部有宽大的叶鞘，宽约4厘米，基部叶鞘抱为一团，叶片上尖下宽，形如牛角，整株灰绿色。条件适宜时会在茎基部分生出小的植株。

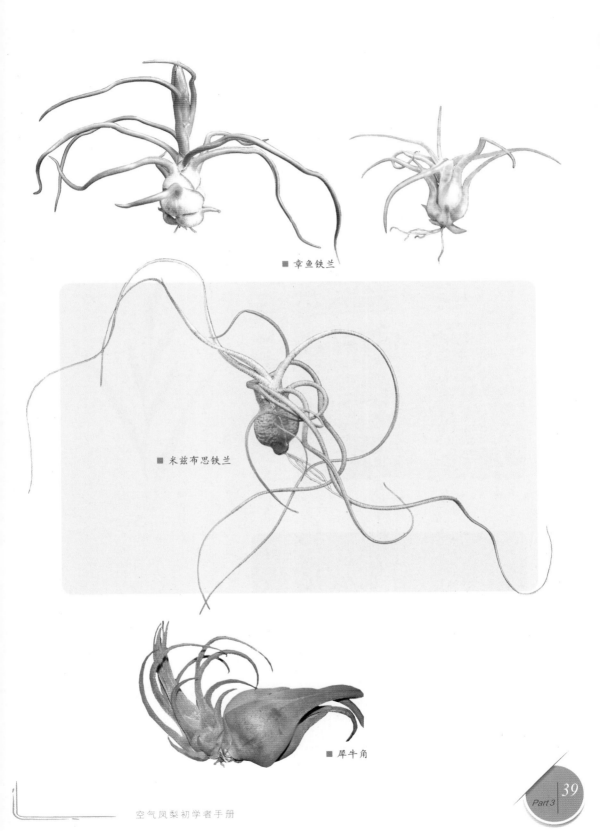

■ 章鱼铁兰

■ 米兹布思铁兰

■ 犀牛角

（7）线叶类空气凤梨 小型草本，线形叶呈放射状排列，簇生，叶片有绿色、灰绿色等，大部分品种叶片密被银色鳞片，叶片中央具内陷的沟。穗状花序从叶丛中央抽出，穗轴长，花色艳丽。原产于巴西、玻利维亚、墨西哥、牙买加、古巴和美国的佛罗里达州的山地。

✳ **富奇思**（*Tillandsia fuchsii* 'V Gracillis'） 俗称白毛毛。植株圆球形，株型奇特。叶片线形，细长，灰绿色，长约 6 厘米，密生在圆球形茎上，向外呈辐射状分布。穗状花序，花葶长，花紫色。

■ 富奇思

■ 富奇思花序

■ 格鲁布斯

✳ **格鲁布斯**（*Tillandsia globosa*） 株型紧凑，叶片簇生，革质，线形，长约10厘米，叶片绿色，叶尖紫红色。穗状花序由叶丛中央抽出，花梗短，花穗、苞片、花瓣均为红色，花艳。3月有花苞出现，花苞淡红色，4月中、下旬开花，单朵花花期约为6天。

■ 红绿线叶铁兰

■ 线叶铁兰

✳ **线叶铁兰**（*Tillandsia juncea*） 俗称大三色。小型草本，株型较松散。线形叶簇生，长约20厘米，绿色叶片呈放射状排列，密被银色鳞片，叶片中央有内陷的沟。穗状花序从叶丛中央抽出，高约30厘米，小花紫色。同类型品种还有红绿线叶铁兰（*Tillandsia juncea* 'Red-Green'），叶片上端红色，下端绿色，较具观赏性。

（8）阿拉杰空气凤梨

（*Tillandsia araujei*） 俗称阿拉伊。株高10～15厘米，叶片10～15片，硬革质轮生于茎上，叶片线状披针形，长约6厘米，中部以上向外弯曲，叶片基部稍宽约0.5厘米，先端尖锐，颜色为浅绿色密被灰白色鳞片。在植株基部常分生出数个小的植株，小植株长大与母株抱为一团呈丛生状。

■ 阿拉杰空气凤梨

穗状花序生于茎端，花序长约6厘米，苞片卵形粉色，花瓣白色，3片，花冠筒状，3片花瓣向外翻卷，花瓣边缘有褶皱。阿拉杰铁兰生性强健，喜高温，耐湿。原产巴西海岸边，附着岩石生长。

（9）尼格勒空气凤梨（*Tillandsia neglecta*）

俗称日本第一。植株由许多小子株上下相互连接而成，因此在外力的作用下，很容易断裂。叶短厚实，硬革质，上下偏向排列在短茎上，叶片灰绿色。穗状花序生于茎端，花瓣以紫色为主，花多。盛花时如紫罗兰。尼格勒铁兰适应性强，喜高温耐旱。原产巴西。

（10）红莱特弗利（*Tillandsia latifolia* 'Enano Red'）

俗称红番花。短茎、短叶型植物。叶片光滑、微红，肉质多汁，灰绿色。穗生顶端，复穗状花序，小穗细长如鞋钉，粉色，花粉红色，极具观赏性。

■ 尼格勒

■ 红莱特弗利的花序和株型

（11）休斯顿（*Tillandsia houston*）

植株呈辐射状，株型紧凑，叶片直立，中部以上向外弯曲，硬革质，密生在短茎上，中型种。大多数品种植株以灰色叶片为主，部分品种叶片为灰绿色。单穗状花序，穗轴较短，花大，苞片有红色、粉色等，极具观赏性。以单生为主，部分丛生。

■ 休斯顿

（12）芳香小矮人（*Tillandsia xioides* 'Fragrant Dwarf'） 短茎、硬叶小型种，株高6～8厘米，茎短，约1厘米，叶簇状基生，叶片数较少，10～20片；叶片长约8厘米，硬革质，灰绿色，全株被银灰色鳞片；叶剑形，基部宽约0.8厘米，先端尖锐。

■ 芳香小矮人

12 月中旬花苞出现，翌年 3 月中旬开花，4 月上旬花凋谢。穗状花序，花序轴长约 5 厘米，开花期间中心叶片不变色。花瓣黄色，苞片土黄色。

（13）开普特空气凤梨（*Tillandsia capitata*） 植株呈辐射状，株型紧凑，大型种。叶片披针形，革质，长约 15 厘米，基部宽约 2 厘米，边缘向内微卷，中部以上常下弯，密被银白色鳞片。叶色有绿色、灰绿色、红色等，开花时，上部叶片变色，色彩更为丰富。单穗状花序由叶丛中央抽出，花穗短、筒状，苞片紫色，花瓣淡紫色，开花时伸出花苞片之外。原产于墨西哥和古巴的高原沙漠地带。

✿ 黄叶开普特空气凤梨（*Tillandsia capitata* 'Yellow'） 植物开花时花序黄色，小花紫色。

✿ 桃色叶开普特空气凤梨（*Tillandsia capitata* 'Peach'） 植物开花时，桃色叶片全部转为粉色。

✿ 橙色开普特空气凤梨（*Tillandsia capitata* 'Orange'） 植株叶片绿色，开花时花序转为橙色。

✿ 紫叶开普特空气凤梨（*Tillandsia capitata* 'Purple Leaf'） 紫叶大型种，开花时花序转为朱红色。

■ 黄叶开普特空气凤梨

■ 桃色叶开普特空气凤梨

■ 橙色开普特空气凤梨

■ 紫叶开普特空气凤梨

（14）霸王空气凤梨（*Tillandsia xerographica*） 俗称法官头。株高约 12 厘米，无茎，叶基生；叶片长约 20 厘米，银灰色、厚实，呈莲座状，内部可贮水，向外卷曲，叶片基部有一宽阔的叶鞘，基部宽约 4 厘米，先端渐尖。叶片革质，全株被明显白色鳞片，叶盘大，直径 15 ~ 20 厘米。所有叶片卷发式向外翻卷，灰绿色。

6 月中下旬有花苞出现，复穗状花序，花序轴一直伸出生长直至 8 月中旬，长 20 ~ 30 厘米，8 月中旬花葶变红，内部叶片微红，花开放。花瓣 3 片，呈筒状，除上部为淡紫色外其余均为灰白色；花丝紫色，花药黄色；花柱与柱头均为浅绿色。单朵花花期短，约 3 天；整个花序的花期稍长，约 20 天。

霸王空气凤梨耐干旱、抗高温、耐低温，适应性强，株型独特，观赏性极强。霸王空气凤梨有些原生种更被列入华盛顿公约受保护物种之内。

（15）细叶空气凤梨（*Tillandsia tenuifolia*） 俗称紫水晶。株高 15～20厘米，茎长约4厘米，剑形叶片簇生，顶端尖锐，基部具鞘，绿色密被银灰色鳞片，叶片纤细，硬革质。穗状花序从叶丛中央抽出，小花紫蓝色，生于苞片内。原产于西印度群岛、墨西哥、委内瑞拉、巴西和美国南部。

（16）**束叶空气凤梨**（*Tillandsia fasciculata*） 俗称费西、费希古拉塔。植株高约 20 厘米，有叶 20 ~ 30 片；叶片剑形，硬革质，长约 25 厘米，基部宽约 2 厘米，基部褐黑色，先端尖锐，常弓状反曲，全叶密被银灰色小鳞片。

4 月初花苞出现，5 月底开花，穗状花序从叶丛中央抽出，花序轴长 25 ~ 30 厘米，单朵花花期约 10 天；花苞片先端红色，基部绿色，小花紫色，3 片，开放时伸出花苞片之外，花丝、花柱紫色，花药黄色，柱头白色，雄雌蕊伸出花瓣之外。原产于美国佛罗里达州的干旱地区。

（17）**三色空气凤梨**（*Tillandsia tricolor*） 俗称三色花。株高约 20 厘米，茎较长，约 4 厘米；叶片簇生，硬革质，剑形，长约 15 厘米，密被鳞片，中部以上略下弯，基部较宽，宽约 1 厘米，先端尖锐。基部叶片绿色，中心叶片微红，花淡紫色。穗状花序由叶丛中央抽出，花梗由红色苞片包裹，花穗扁平，由二列绿色的苞片组合产生，小花，开放时伸出苞片外。原产于墨西哥南部、委内瑞拉和哥斯达黎加干旱平原地区。

（18）单色空气凤梨（*Tillandsia concolor*）　　俗称空可乐。株高 6～10 厘米，无茎，叶簇状基生，植株呈莲座状。叶片长约 8 厘米，硬革质，黄灰色，外部几轮叶片上被明显银灰色鳞片，内部不明显；叶片剑形，基部宽 0.5～1 厘米，先端尖锐。开花全株叶片变为鲜红。5 月中旬有花苞出现，花苞初长出时为嫩绿色，随后顶部苞片的边缘逐渐变红。

② 栽培管理

　　硬叶类型品种原产地多为干旱沙漠地带，光照充足，昼夜温差大，干旱缺水，生存条件较差。此类型的空气凤梨依靠大量的鳞片吸收雨水、露水或雾气，越是暴露于日照底下的品种，其鳞片也越密集，以反射光线、避免灼伤及预防水分蒸发，显示出对恶劣环境的强大适应性。但这并不代表它们能适应任何环境，湿度过大、光照不足会影响其生长，严重的会导致植株死亡。

（1）种植方式　硬叶类型空气凤梨多为群聚丛生型，比较适宜挂在空中生长，立体观赏效果较好。同一品种的空气凤梨也可以一起放在吊篮或多孔的塑料盆中，做成特别的吊篮植物。

此外，硬叶类型空气凤梨品种还可用热溶胶将其粘在木板、玻璃、墙壁等物体上，制成精美的台饰、壁饰等。另外，切记留意不要把硬叶类型品种种在缸里，空气凤梨需要空气流通，闷在缸里会严重影响植物的生长。但要注意所有凤梨属的植物都不能忍受铝和铜，故此不能用铜线或铝合金的容器种植，这些金属会对其造成毒害。若种植不同种类的空凤，最好不要放在同一附着物或容器上，因为其生长习性、水分和光照需求不同。

（2）养护管理 硬叶类型品种需要较强的光照，能忍耐较低的温度。根据记录，大部分硬叶品种能生长在 0 ~ 38℃温度条件下，但不代表能忍受长期极点的温度。一般室温在 15 ~ 30℃为最佳生长温度。冬季室内温度不要低于 0℃，并放在明处，朝南房间光照充足为最好。

如温度在 32 ~ 38℃又持续晴天，天气属极干热，须注意喷水，以加湿和降温。若天气炎热又连日雨天，应加强通风。大部分空气凤梨在 5℃以下停止生长，10℃以下注意减少浇水。华北地区冬天室内有暖气，空气十分干燥，要留意供水。江南及华南地区，冬天若在 0℃以上，可以不用加温，要在晴天温暖的日子浇水。空气凤梨在干燥环境下，更能忍受较低温度和恶劣的天气。

平时每隔 2 ~ 3 天雾化喷水 1 次即可，每月可用空气凤梨专用液肥 1000 倍液喷 1 次。注意硬叶类型空气凤梨叶芯不能积水，如有积水，可将植物倒置，并甩干积水。如短期内（5 ~ 7 天）忘记浇水，造成植株严重脱水时，需将植物放在水桶里，浸泡 1 小时后，沥干。

（3）繁殖 种子繁殖和分株繁殖。空气凤梨开花期介于秋末、早春间，但在室内种植无固定花期，只要在合适的条件下，植株达到成熟阶段，随时都能开花结实（此时要用透光纱布袋扣在茎上，防止种子散

落），种子能在花茎上发芽长出小苗，然后移植在蛇木板上独立种植。一般在花期后，有时在花期中，从植株的基部长出子苗或子株，特别的品种能在花茎上长出小苗。小苗最初依附着母株的主干吸收养分逐渐长大，6~8个月内渐渐长成母株的形态，一般有母株1/3大小时，就可以与母株分离独立栽种。

（4）病虫害 硬叶类型空气凤梨品种抗逆性强，很少有病、虫危害，请不要使用农药。

> **注：**硬叶类型空气凤梨的个别品种只生长在某些特别的地理环境，种植和选购时要多加留心。请先从挑选合适自己种植环境的品种开始，渐渐有了种植经验后再尝试种植不同的品种。

❀ 软叶类型空气凤梨

■ 在原产地集群散聚而生

■ 生长在荒野　■ 附生于
　山崖石头上　　树干上

原产半干旱、较湿润地区的品种，通常集群散聚而生。叶片较软、叶色略银白，植株呈莲座状、圆球状或辐射状，叶片有披针形、直针形、线形、直立、弯曲或先端卷曲。叶色除灰白色外，还有绿色、蓝灰等，有些品种的叶片在阳光充足的条件下或开花时，还会呈美丽的红色。附生于树上、石上、山坡甚至悬崖上，由叶面吸取空气中的水分生存。

其代表种有贝克立铁兰（*Tillandsia brachycalous*）、哈里斯铁兰（*Tillandsia harrisil*）等。原产于英国南部、墨西哥、美国中部和南部。

种类

软叶类型空气凤梨以观叶为主，其叶片多为披针形，较硬质类型表现为叶宽、细腻、色艳、松散，株型大、以单生为主。其绿叶品种比银灰叶的可接受较长时间室内栽培，成长至开花。银叶品种必须有阳光直射的环境，才能正常生长及开花。软叶类型空气凤梨依株型和叶形可分为：

（1）贝克立空气凤梨（*Tillandsia brachycalous*）系列 又称贝克利，别名圣诞空气凤梨。株高约 10 厘米，莲座状叶丛，茎极短。有叶片 8 ~ 15 片，叶片剑形，长约 12 厘米，基部宽约 2 厘米，先端尖锐，叶面无鳞片，叶片软质，平时为绿色，开花时，中心叶片会变为鲜红色，全株嫣红，极美。由于开花时间多在圣诞节前后，故又名圣诞空气凤梨。花期为 12 月，穗状花序短。花紫红色，花药黄色，开放时从叶丛中伸出。原产于墨西哥至巴拿马的干旱地区。

✳ 绿贝克立（*Tillandsia brachycaulos* 'Green'） 无茎，叶莲座状基生；有叶片 8 ~ 15 片，叶片剑形，柔软，长 10 ~ 12 厘米，基部宽约 2 厘米，灰绿色，上部叶片红色或带红色斑点。

✳ 赛克弟尔贝克立（*Tillandsia brachycaulos* 'Sele Schlechtendal'） 全株红色，栽培容易，繁殖快，观赏性强。

✳ 斯莱特贝克立（*Tillandsia brachycaulos* 'Selecta'） 开花时，全株鲜红色，极具特色，喜湿。

✳ 霸贝杂交（Xerographica × Brachycaulos） 霸王空气凤梨与贝克立的杂交

种，为大型种。株高 10 ～ 16 厘米，有茎，稍短，约 2 厘米；叶片螺旋状基生，长 12 ～ 18 厘米，质厚较软，剑形，基部宽约 2 厘米，灰绿色，密被银灰色鳞片，叶片中上部向外扩散弯曲生长。

■ 绿贝克立

■ 赛克弟尔贝克立

■ 斯莱特贝克立

■ 霸贝杂交

（2）维路提纳空气凤梨（*Tillandsia velutina*）　俗称巨牛帝娜。与贝克立空气凤梨相似，维路提纳叶片较厚、有茸毛感，而贝克立叶片较薄、透明光滑。维路提纳株高大小不等，小型 4 ~ 6 厘米，大型 8 ~ 15 厘米，无茎，叶螺旋状基生；叶片长 6 ~ 12 厘米，剑形，基部宽 0.5 ~ 1.5 厘米，柔软，质厚，叶片基部褐黑色，其余部位为浅绿色，叶片背面被大量银灰色鳞片。叶腋处可分生小芽，逐渐长成小植株，可分株种植。

自 3 月底至 9 月陆续有开花。4 月初花苞出现，苞片红色，穗状花序，花序轴短，约 3 厘米，低于叶面，自花苞出现中心叶片变红。

（3）哈里斯空气凤梨（*Tillandsia harrisii*） 株高 10 ~ 15 厘米，茎短，约 1 厘米，叶簇状基生；叶片长 12 ~ 16 厘米，较软，厚实，灰绿色，全株被大量明显银灰色鳞片，中部以上向外下弯；叶片剑形，基部宽约 2 厘米，先端尖锐。5 月中旬花苞出现，穗状花序，6 月上旬开花，至 7 月中旬凋谢。

（4）扭叶空气凤梨（*Tillandsia streptophylla*）　俗称电烫卷。株高约 10 厘米；剑形叶片簇生，灰绿色，通常强烈卷曲，密被银白色鳞片，革质，长约 20 厘米，基部有宽阔的叶鞘。原产于墨西哥、危地马拉和牙买加的干旱地区。

2 月中旬花苞出现，复穗状花序生于顶端，花序轴长约 10 厘米，小花淡紫色，生于红色苞片内，开放时伸出。对水分要求高，需每天浇水。

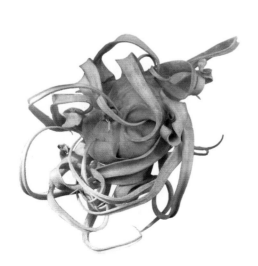

（5）毛瑞纳空气凤梨（*Tillandsia mauryana*）又称莫里秋氏凤梨。株高

4～6厘米，无茎，全株披白色鳞片。叶莲座状基生；叶片长4～7厘米，银灰色，披散下垂，剑形，基部宽约0.3厘米，是为数不多的绿花品种。

3月底花苞出现，5月中、下旬开花，单朵花花期约4天。复穗状花序，2～5个穗，呈扁平状，花序轴较短，约2厘米。花苞初现时为浅绿色，开花时为粉色；花瓣绿色，3片，筒状；花丝浅黄色，花药黑色，花柱浅绿色，柱头绿色。

（6）**考里格拉空气凤梨**（*Tillandsia cauligera*）　株高8～15厘米，有茎，长6～12厘米，叶螺旋状生于茎上。叶片长8～12厘米，向外反卷曲似卷发状，基部宽2～3厘米，先端尖锐。叶薄纸状，银灰色，全株被大量白色鳞片。植株弯曲生长，造型奇特，不丛生成团状，在叶腋萌发新芽渐长成小植株。

复穗状花序，2～5个穗，呈扁平状，花序轴较长，约5厘米，花苞初现时为浅绿色，开花时为粉色。花瓣粉色，3片，筒状。

（7）马根思空气凤梨（*Tillandsia magnusiana*） 俗称大白毛。植株高约8厘米，呈辐射状。小叶基生，柔软，线状黄绿色，顶端部分常弯曲，长约8厘米，被灰白色鳞片。

4月初花苞出现，初现时为浅绿色，后苞叶变为深红色。穗状花序从叶丛中央抽出，花序短，长约3厘米，陷于辐射状的叶片内；花瓣紫色或白色，生于苞片内。原产于墨西哥、洪都拉斯和萨尔瓦多的高海拔地区。

（8）洪都拉斯空气凤梨（*Tillandsia hondurensis*） 株高6～10厘米，茎短，约2厘米。叶簇状基生，叶片长8～12厘米，较软，厚实，灰绿色，植株外部叶片顶端微红，全株密被银灰色鳞片，中部以上向外下弯；剑形叶，基部宽约2厘米，先端尖锐。单穗状花序从叶丛中央抽出，花序短，长约3厘米，陷于辐射状的叶片内。花瓣紫色，生于苞片内。

（9）科比空气凤梨（*Tillandsia kolbii*） 又称酷比。株高约 7 厘米，无茎。叶长约 8 厘米，较软、肉质，莲座状密生，密被白色茸毛，基部宽约 0.2 厘米，先端尖锐。叶腋处分生出小芽，逐渐长成小植株。

4 月初花苞出现，4 月中旬花开放，4 月底凋谢，单花花期约 5 天。穗状花序，花序极短，陷于叶丛内，1～2 个小穗，1～2 个小花，筒状花（筒长约 2 厘米），花瓣淡紫色，3 片，苞片红色；花丝紫色、花药黄色，花柱淡紫色、柱头白色。

（10）开普特×巴比斯杂交空气凤梨（Capitata × Balbisiana） 株高 12～18 厘米，无茎，叶片螺旋状基生；叶片长 18～20 厘米，剑形，基部宽约 2 厘米，叶片中部以上向外卷曲似卷发状，绿色，开花时中心叶片变红。

3 月底花苞出现，4 月 10～15 日盛花期，单朵花花期约 5 天，花瓣深紫色，花瓣 3 片，苞片紫红色。复穗状花序，花序轴长约 10 厘米，穗上有 4～6 片叶片，叶片将苞片包围，使苞片伸出较短，伸出约 1 厘米，下部苞片上有芒。

（11）方氏空气凤梨（*Tillandsia funkiana*）　俗称狐狸尾。茎长 20 ～ 30 厘米，叶密生，呈螺旋状排列，小叶剑形，长约 4 厘米，绿色，密被银色鳞片，顶端针状，中部以上常下弯。穗状花序生于茎顶端，小花红色生于红色的苞片内。原产于委内瑞拉和哥伦布的高原地带。

（12）阔叶类空气凤梨　阔叶类空气凤梨生长在雨林气候或其他湿气较重的林荫地区。叶片宽阔，青绿色、粉红色、银白色等，有些品种的叶片还具有点状花纹，色泽艳丽。花朵较大，但色彩不够丰富，以观叶为主。

此类品种常以附生的方式栖息于另一种植物或树干上，时间久了，还会逐渐长出根来，借以固定植株本身。

🌸 **索纳斯空气凤梨**（*Tillandsia somnians*）　俗称索姆。与普通凤梨的形态较为相似，株高大小不等，小型约15厘米，大型20～30厘米，阔叶型。叶螺旋状基生，中心叶片围成杯状，可蓄水。叶片长15～25厘米，剑形，基部宽约5厘米，柔软、质薄，红绿色。

　　1月初花苞出现，复穗状花序，花序轴可长达40～50厘米，花序轴和小穗均呈深红色。5月底开花，花瓣深紫色，筒状花极短，约1厘米，雄雌蕊在花瓣之内，花药黄色。

🌸 **斯垂美纳空气凤梨**（*Tillandsia straminea*）　俗称慧星。株高8～15厘米，茎短，约2厘米；叶片银白色，柔软，长25～30厘米，较宽，基部宽约1.5厘米。叶片顶端细长，向外反卷弯曲。6月中旬有花苞出现，7月底花开放。复穗状花序，花序长约15厘米，花苞片淡紫色，花瓣边缘紫色，其余为白色，3瓣，约15天后凋谢。

🌸 萨布特瑞空气凤梨（*Tillandsia subteres*） 株高20～25厘米，有茎，约8厘米，叶片螺旋状生于茎上，阔叶型。叶片长约20厘米，剑形，基部宽约2厘米，硬实，质厚，灰绿色带有红色，上披银灰色鳞片。复穗状花序，花序长约15厘米。花苞片淡紫色，花瓣边缘紫色，其余为白色，3瓣，约15天后凋谢。

🌸 **赛肯达空气凤梨**（*Tillandsia secunda*） 株高大小不等，小型约 10 厘米，大型 20 ～ 30 厘米，具短茎，较短，约 5 厘米。叶片呈螺旋状分布，叶片长 20 ～ 30 厘米，剑形，基部宽约 3 厘米，柔软，质薄。叶片基部褐黑色，其余部位浅绿色带稀疏紫色斑点，被少量银灰鳞片。可在植株基部生出小芽，逐渐长成小植株后可进行分株栽培。

🌸 **弗莱斯空气凤梨**（*Tillandsia folisa*） 株高 15 ～ 20 厘米，短茎，约 4 厘米。叶片呈螺旋状分布，阔叶型。叶片长约 25 厘米，剑形，基部宽约 2 厘米，硬实，质薄，绿色带有红色，有银灰色鳞片。单穗状花序，花序长，20 厘米左右，为亮丽的橘红色。苞片长而弯曲，花瓣紫色，3 瓣，约 15 天后凋谢。

② 栽培管理

    软叶类型品种原产地多为半干旱、半湿润地带，常生长在没有土壤的石头或附生在树上，通过叶片上茸毛状灰色鳞片吸收水分和营养。天然的营养来源于灰尘、衰败的叶片、昆虫等。其线状根仅起固定作用。与硬叶品种相比软叶类型品种较耐阴，但耐旱性不如硬叶品种。

■ 温室栽培

空气凤梨初学者手册

（1）种植方式　软叶类型空气凤梨品种多为群聚散生型。人工栽培需在温室内用移动平面苗床或滚动苗床进行培育，苗床多为网状结构，便于排除多余水分。温室苗床培养可全年生长和繁殖，管理方便。

可将软叶类型空气凤梨放置在铁艺、木艺或玻璃艺术制品上，或置于桌面或窗台等处，还可用热溶胶将其粘在木板、玻璃、墙壁等物体上，制成精美的台饰、壁饰等。

此外，软叶类型空气凤梨也可种植在艺术花盆中进行观赏，但基质不能用泥土，应选用珍珠岩、陶粒等。将空气凤梨置于盆口，以利透气。同一品种的空气凤梨可以一起放在吊篮或多孔的塑料盆中，做成特别的吊篮植物。但要注意所有凤梨属的植物均不能忍受铝和铜，故此不能用铜线或铝合金的容器种植，这些金属会对其造成毒害。

（2）养护管理　软叶类型的大部分品种能适应室内半阴的环境，但耐旱性不如硬叶类型品种，而且不能忍耐较低的温度。根据记录可生长在3～36℃的温度条件下，但不能忍受长期0～5℃的低温度。一般室温在20～30℃为最佳生长温度。冬季室内温度不要低于5℃，并移置到朝南的房间，适时补充光照。

如温度在30～38℃又持续晴天，天气属极干热，须每天喷水1次，有加湿和降温作用。若天气炎热又连日下雨，应加强通风。大部分空气凤梨在5℃以下停止生长，10℃以下注意减少浇水。在干燥环境下，空气凤梨更能忍受较低温度和恶劣的天气。

■ 移动式苗床种植

■ 滚动式苗床种植

■ 钵式种植

■ 盆式种植

■ 画框式种植

■ 雾化喷水

■ 雾化器微喷雾

■ 水中浸泡

■ 甩去多余的水分

■ 盆栽要保持干燥

　　喷水时间以夜晚或清晨太阳未出时为佳，不要在烈日下喷水。喷水时喷至叶面全部湿润即可，不要让植株中心积水，以免造成"烂心"。如果空气湿度在90％以上，完全不用管它就可以生长。

　　软叶类型空气凤梨在长期缺水的情况下，叶片卷曲，叶尖干枯，植株收缩，如果遇到这种情况，可将植株放在清水中浸泡一段时间，等其吸饱水分后再捞出来，并甩去植株上残留的水分。盆栽植株要避免介质潮湿，更不能积水，以保持略干为佳。

软叶类型空气凤梨虽然不施肥也能生长，但生长缓慢，开花稀少，为了使其生长健壮，多开花，可在生长旺盛时每 10 ～ 15 天喷施一次专用肥，也可用磷酸二氢钾加少量的尿素或其他氮肥的 2 000 倍稀释液，冬季和花期停止喷施。

软叶类型空气凤梨和其他种类的凤梨一样，也属于忌钙质植物，因此不要将空气凤梨粘附在珊瑚、钟乳石等含钙量较高的材料上。在水质较硬的北方地区最好用蒸馏水、纯净水或其他 pH 较低的水向植株喷洒。

（3）繁殖 常用的繁殖方式有分株繁殖和种子繁殖。

分株繁殖 软叶类型空气凤梨以分株繁殖为主。植株一般在花期后，或植株受到一定损伤后，可从植株的基部或叶腋长出子苗。小苗最初依附母株的主干吸收养分逐渐长大，6 ～ 8 个月内渐渐成长至母株 1/3 大小，就可以与母株分离，独立栽种。

种子繁殖 软叶类型空气凤梨在室内种植的没有一定花季，只要在合适的条件下，植株达到成熟阶段，随时都能开花结实（此时要用透光纱布袋扣在茎上，防止种子散落），种子能在纱袋里发芽长出小苗，然后移植在蛇木板上独立种植。

■ 种子在沙袋中萌发

■ 种子实生苗

■ 无性繁殖的子株

（4）病虫害 软叶类型空气凤梨品种抗逆性强，很少有病虫危害，一般无需使用农药。

🌱 观花类型空气凤梨

观花类型空气凤梨指的是花多、花色艳、花期长的丛生空气凤梨品种或杂交种。

开花时花茎从植株中心抽出，较长，多为桃红色，还有白色和绿色。花茎上均着生苞片，苞片颜色也以桃红色居多，还有白色和绿色。小花也有苞片，小花苞片颜色与花茎苞片颜色相同。

花型：花冠3枚，少数呈管状，多数开张，雌蕊1枚，雄蕊6枚，多数3强3弱，少数无强弱之分。管状的小花花蕊一般伸出花冠外。

花色为白、黄、蓝和紫蓝的各种组合，十分丰富，构成多彩多姿的美丽群族。花序为穗状花序。

1 ⟶ 斯垂科特 (*T. stricta*)

开花时间：	5~6月和10~11月
花　　期：	15天左右
苞　　片：	红色
小花苞片：	蓝色
花　　瓣：	紫色

该品种开花时花茎从植株中心抽出，花茎较长，多为绿色。耐阴喜湿。

② 黑美人斯垂科特 (*T. stricta* 'Black Beauty')

斯垂科特的变种。开花时花茎从植株中心抽出，花茎较短，多为绿色。耐阴喜湿。

开花时间：12月
花　期：30天左右
苞　片：粉红色
小花苞片：蓝黑色

③ 绿美人 (*T. stricta* 'Green Clump Large')

开花时间：5月
花　期：20天左右
苞　片：粉红色
小花苞片：粉色
花　瓣：紫色

斯垂科特的变种。为多花丛生型，叶片淡绿色。开花时花茎从植株中心抽出，花茎较短，多为绿色。耐阴喜湿。

④ 贝吉 (*T. bergeri*)

为多花丛生型，叶片灰绿色，质地较硬，花苞期长达 10 天左右。开花时花茎从植株中心抽出，花茎较短，多为绿色。喜阳耐旱。

开花时间：	3～5月
花　期：	20天左右
苞　片：	红色
小花苞片：	红色
花　瓣：	紫色

⑤ 格鲁布斯 (*T. globosa*)

开花时间：	6月
花　期：	30天左右
苞　片：	粉红色
小花苞片：	粉色
花　瓣：	粉色

为多花丛生型，复穗花序，叶片淡绿色、线形。开花时花茎从植株中心抽出，较短，多为粉红色。耐旱喜光。

6 贝吉杂交 (*T. bergeri* 'Hybrid')

贝吉自然杂交一代种。花多、花大，单生型，叶片灰绿色，质地较硬，花苞期长15天左右。开花时花茎从植株中心抽出，花茎较短，多为绿色。喜阳耐旱。

开花时间：5~6月
花　期：30天左右
苞　片：红色
小花苞片：红色
花　瓣：紫色

7 三色铁兰 (*T. tricolor*)

开花时间：11月
花　期：30天左右
苞　片：红色、黄色、绿色

花多、花大，单生型，剑状叶片绿色，质地较软，花苞期10天左右。开花时花茎从植株中心抽出，较长，剑状。苞片较紧。喜阳耐旱。

8 ⊶ 多花贝克兰 (*T. brachycmultiflora*)

开花时间：6月

花　期：	20天左右
小花苞片：	紫色
花　蕊：	黄色、伸出

复花单生型。叶片浓绿色，披针形，开花时上部叶变为鲜红色。花茎不抽出，小花8~10枚，丛生。

9 ⊶ 蓝细叶铁兰 (*T. tenuifolia* 'Blue')

开花时间：1~3月

花　期：	30天左右
苞　片：	红色
小花苞片：	红色
花　瓣：	紫色

花多、花大，单生型。叶片蓝绿色，质地软，花苞期长15天左右。开花时花茎从植株中心抽出，花茎较长，多为绿色。是春节期间开花的繁花型空气凤梨品种。

10 蒙大拿 (*T. montana* 'Giant')

花多、花大，单生型。剑状叶片簇生，浓绿色，质地较硬。花苞期长，开花时花茎从植株中心抽出，花茎较长。喜阳耐旱。

■ 蒙大拿

开花时间：	全年
花　期：	30天左右
苞　片：	红色
小花苞片：	白色

■ 大蒙大拿

■ 紫叶蒙大拿

11 阿尔贝诺小精灵 (*T. ionantha* 'Albino')

开花时间：	4~5月
花　期：	15天左右
小花苞片：	白色
花　蕊：	金色

是开黄花的小精灵空气凤梨品种。开花时上部叶片为金黄色。

12 ⚬ 维路提纳 (*T. velutina*)

复花单生型。叶片灰绿色、披针形，开花时上部叶为鲜红色。花茎不抽出，小花 8 ~ 10 枚，丛生。

开花时间：6月
花　　期：20天左右
小花苞片：紫色
花　　茎：黄色

13 ⚬ 洪都拉斯 (*T. hondurensis*)

开花时间：3~4月
花　　期：30天左右
花　　苞：莲座状，粉红色
小花花瓣：紫白色

叶片剑状，灰绿色，叶短厚实，质地较软。开花时花茎从植株中心抽出，花茎较短。

14 卡米纳 (*T. kaminea*)

多花丛生型，复穗花序。叶片灰色、较短、剑形。花茎多为粉红色。耐旱喜光。

开花时间：5月	
花　　期：	30天左右
苞　　片：	粉红色
小花苞片：	粉色
花　　瓣：	粉色

15 考里斯 (*T. caulescens*)

开花时间：5月	
花　　期：	30天左右
苞　　片：	红色
花　　瓣：	白色

多花单生型，剑状叶片浓绿色。质地较软，开花时花茎从植株中心抽出，花茎细长，剑状。喜阳耐旱。

16 ◦◦ **扭叶铁兰** (*T. streptophylla*)

开花时间：5月
花　期：30天左右
小花苞片：银灰色

　　为单花大株型空气凤梨。复穗花序，叶片灰绿色，自然卷成团状。开花时主花茎从植株中心抽出，花茎较长，多为粉红色。主花茎上着生小花穗，剑状，耐旱喜光。

17 ◦◦ **哈里斯** (*T. harrisii*)

开花时间：7月
花　期：30天左右
小花苞片：紫色
花　茎：黄色

　　为单花大株型空气凤梨。株型莲座状，单穗花序。叶片灰绿色，质地软，披针形，自然卷成团状。开花时主花茎从植株中心抽出，花茎较长，剑状，多为粉红色。主花茎上着生小花。耐旱喜光。

18 危地马拉小精灵 (*T. ionantha* 'Guat')

开花时间：	7月
花　　期：	15天左右
小花苞片：	红色
花　　蕊：	金色

　　细叶型小精灵，开花时上部叶片为紫红色，是开花观赏期长的小精灵空气凤梨品种。

19 犀牛角 (*T. circinnatoides* 'Matuda')

　　单花大株型空气凤梨。株型莲座状。单穗花序，叶片灰绿色，质地软，肥厚。花形独特，花柱2个以上，花柱苞片粉红色，小花紫色。

20 尼格勒 (*T. neglecta*)

开花时间：	3月
花　　期：	30天左右
苞　　片：	粉色
花　　瓣：	紫色

　　多花单生型。株型紧凑，叶密生，剑状叶片浓绿色。花苞期20天左右。开花时花茎从植株中心抽出，花茎细长，剑状。喜阳耐旱。

白天使斯垂科特 (*T. stricta* 'Angle White')

斯垂科特的变种。叶
片灰绿色，质地硬。开花
时花茎从植株中心抽出，
花茎较短，多为粉色。是
为数不多的黄花空气凤梨
品种。

开花时间：	7月
花　期：	20天左右
苞　片：	黄色
小　花：	黄色

  扭贝杂交 (*T. strepto × brachy*)

单花大株型空气凤
梨，多花丛生。叶片绿色，
自然卷成团状。开花时主
花茎从植株中心抽出，花
茎较短，多为绿色。

开花时间：	10月
花　期：	20天左右
苞　叶：	淡紫色
小　花：	黄色

 部分 **鳞茎铁兰** (*T. bulbosa*)

大花型空气凤梨。
复穗花序，叶片绿色、长
筒状。开花时主花茎从植
株中心抽出，花茎较长，
多为粉红色。主花茎上着
生小花穗，剑状。

开花时间：	5月
花　期：	20天左右
苞　叶：	红色

24 休斯顿 (*T. houston*)

开花时间：	3月
花　期：	30天左右
苞　片：	粉红色
小　花：	黄色

单花大型株。叶片灰绿色，质地硬。开花时花茎从植株中心抽出，花茎较短，多为粉色。

25 弗洛伊萨 (*T. foliosa*)

开花时间：	5月
花　期：	30天左右
苞　片：	红色、特长
小　花：	紫色

单花大型株。叶片亮绿色，质地软。开花时花茎从植株中心抽出，花茎较长，多为红色。

26 弗扭贝特 (*T. flabellata*)

复花大型株。叶片亮绿色，质地软。开花时3枚花茎同时从植株中心抽出，花茎较长，剑状，花茎多为红色。

开花时间：	6月
花　期：	30天左右
苞　片：	红色
小　花：	紫色

27 佛猪瑞达 (*T. floridiana*)

开花时间：	5月
花　期：	20天左右
苞　片：	紫红色
花　瓣：	紫色

多花单生型。剑状叶片浓绿色，质地较软。开花时花茎从植株中心抽出，花茎细长，剑状。花苞期20天左右。

Part 4

—— 空气凤梨的繁育 ——

分株繁殖

常规管理下空气凤梨一般在花期中后期，会从植株基部或叶腋处分生出子苗或子株，子株长至母株 1/3 大小，可与母株分离，单独种植。分蘖出的小子株数量有限，且子株的生长受母株的影响，故花期后要注意母株的养护。母株的养护主要掌握两点：一是养分的供应，母株开花后分蘖出小子株，株体发生了较大的变化，开花消耗掉一部分营养，同时小子株的生长也要母株提供营养，因此母株开花后要想使小子株快速生长，其养分的供应至关重要，养分以含氮量较高的肥料为主；二是花序的去除，母株开花后应及时去除残花和花序轴，这样做的目的不但提高空气凤梨本身的观赏性，同时将残花和花序轴去除避免了其从母株上吸收养分而影响小子株的生长。

不同的品种母株分蘖能力不同，现将常见品种的分蘖情况介绍如下：

（1）小精灵类 开花后均可分生出小子株，各品种子株数量不等，墨西哥小精灵5～6个，锥头小精灵2～3个，塞勒科特2～3个，阿尔贝诺2个，飞哥2个，鲁卜拉1～2个，因特1个，罗西塔1个，危地马拉小精灵1个，华姆小精灵极少有子株。故各种小精灵分蘗能力的大小顺序为：墨西哥＞锥头、塞勒科特＞阿尔贝诺、飞哥＞鲁卜拉＞因特、罗西塔、危地马拉＞华姆。

（2）阔叶类 主要有索纳斯和赛肯达两种，栽培方式是用石子作为基质进行盆栽，长势极好。索纳斯成熟母株仅开花1次，其

花序轴长达40～50厘米，在花序轴上分生出大量的子株，数量7～10个。子株长至一定大小可掰下另行栽培。

（3）软叶类

✳ **维路提纳** 成熟植株一年开花1次，花后分蘗出子株2～3个。一二年生的母株目前基本均有分蘗。

✳ **贝克立** 绿贝克立分生子株2～3个；阿迪达贝克立开花后分生子株1个，目前有分生能力的母株不多，大多数未达到成熟开花年龄。

✳ **杰斯** 花后分生子株1～3个。

✳ **小章鱼** 花后分生子株1个。

✳ **哈里斯** 这两个品种即使开花也极少看到有分株，分株能力不强。

(4)松萝类 采用挂架繁育。挂架高2.4米，宽4米。分四层，层高60厘米。将长40厘米的松萝均匀地挂在横杆上，每层挂500克左右，当年便可长到2千克左右。

🌱 *激素处理*

常规分株受花期限制，也就是说只有开花后才能分生出小子株。花期受环境因子如温度、光照、水分、通风状况等影响，只有在合适的条件下植株达到成熟时才能开花，因此常规分株有一定的限制性，且分生出的小子株数量有限。另外，开花虽然一定程度上可以增加空气凤梨的观赏性和繁殖速率，但开花也存在一定的弊端，如花期过后其残花和干枯的花序轴又在一定程度上影响了其观赏效果。鉴于以上因素，考虑如何在不开花的前提下使空气凤梨有子株分生。经试验发现，使用植物生长调节剂6-BA可以明显地促进其分蘖，小精灵的效果最明显。

6-BA的浓度并非越高越利于空气凤梨分蘖，过高对植株的生长产生抑制作用，严重者会导致植株干枯死亡，只有在适宜的浓度下才利于空气凤梨分蘖。适宜的6-BA浓度研究目前还在进行中。目前关于6-BA促进分蘖的实验还需进一步地观察实践。

🌱 种子繁育

　　空气凤梨可结实，果实为蒴果，3瓣，果实成熟时开裂，并迸出带有茸毛的种子。

　　种子一般1周即可发芽，但发芽后生长速度极慢。自然状况下空气凤梨从发芽长至真叶2片需3个月，长至真叶3～4片需半年，长至成苗需几年甚至更长时间。因此靠种子播种来繁殖空气凤梨其繁殖速度极慢，但繁殖系数极高。空气凤梨1个蒴果里含有种子60～80粒，花序轴短的品种如小精灵类品种1株可有2～3个蒴果，即有一二百粒种，一次播种可得一二百株幼苗；花序轴长的品种如贝吉、斯垂科特、蒙大拿等一株可有5～10个蒴果，1次播种可得300～800个幼苗。

如何加速空气凤梨播种幼苗的生长是播种繁殖的关键，可以考虑通过添加营养物质或植物生长调节剂。

 # 人工授粉

播种繁殖的前提是获得种子，空气凤梨在自然状况下可以通过风媒或虫媒来传播花粉达到结实的目的，在温室内因不具备这些条件，故不能自然结实，要使之结实应通过人工授粉的方式。

人工授粉首先要了解各品种的花期，选择成熟的花粉进行收集。若花粉采集后当时不使用，可以将花粉保存，在密封、暗培养、4℃左右低温下（可以保存数月至1年）。花粉采集后用干净、柔软度合适的自制小刷子蘸取花粉，将其

涂抹在柱头上。一般情况下只要温度合适即可结实，在温度较低时（10 ~ 15℃）人工授粉后需较长的时间（约3个月）结实可显现出来，在温度较高时（15 ~ 25℃）人工授粉后需较短的时间（约1个月）结实即可显现出来。故温度对空气凤梨的结实有一定的影响。

 ## 组织培养

　　使用种子作为外植体进行组织培养。在实际操作中是将近成熟未裂开的荚果作为消毒材料，种子从开始结实至采集一直被外层荚果层所保护，几乎不与外界接触，受外界污染甚少。荚果消毒过后再将其剪开接入适当配比的培养基中，1周即可发芽，发芽后的幼苗可以诱导其继续长大，亦可诱导产生丛生芽或愈伤组织。在适当配比的培养基中，幼苗长至真叶2片需1个月，长至真叶3 ~ 4片需2个月，长至真叶6 ~ 7片需3个月，生长速度较自然状况下要快得多。

■ 空气凤梨组培袋装苗及愈伤组织

■ 空气凤梨组培瓶装苗及愈伤组织

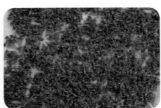

■ 出瓶（袋）后的空气凤梨组培苗（接种后180天）

Part 5

空气凤梨的生态装饰

空气凤梨品种繁多，形态各异，既能赏叶，又可观花，具有装饰效果好、适应性强等特点，不用泥土即可正常生长，并能绽放出鲜艳的花朵，可粘在镜框、古树桩、假山石、墙壁上，或放在竹篮里、贝壳上，也可将其吊挂起来，点缀居室、客厅、阳台等处，时尚清新，富于自然野趣。

空气凤梨植物壁画、台饰

以空气凤梨等为基本素材，采用粘贴、嫁接、雕塑或其他造型工艺手段在天然或人工壁面上进行装饰，其装饰和美化功能使它成为环境艺术的一个重要组成部分。

 装饰前的准备工作

空气凤梨家族包含很多不同尺寸、株型各异的品种，可用黏合剂将选好的空气凤梨品种固定在准备好的装饰物上，不需使用盆土或介质。这些黏合剂不会对植物造成伤害。

（1）黏合剂的种类 美国 E-6000 工业万能胶是一种采用特殊配方制造的合成橡胶类的胶黏剂，不仅能提供极好的黏接强度，而且具有伸缩性。它可以高强度地黏接金属、玻璃、橡胶、塑料、植物等材料，广泛应用于设备维护、手工艺品、装饰品加工等方面。使用时，将少量胶挤在装饰物指定的位置上，然后插上空气凤梨植物，短时间内可将植物固定住，使用起来十分方便。

热熔黏合剂即热熔胶，为热塑性聚合物，具有黏合迅速、黏接牢固、应用领域广泛、安全无毒等特点。

■ E6000 胶黏剂　　　　　　　　　　　■ 热熔胶胶枪

胶枪在使用前先预热 3 ~ 5 分钟，将枪嘴对准空气凤梨植物与装饰物的连接点打胶，5 分钟后即可将植物粘牢，热熔胶的温度不会伤害植物。

（2）黏合空气凤梨的操作过程

■ 第三步

■ 第二步

■ 第一步

第一步：准备好空气凤梨植物、装饰物、黏合剂。

第二步：将黏合剂涂（打胶）在被装饰物体指定的位置上。

第三步：将空气凤梨植物固定在黏合剂上，完成植物与被装饰物的黏合。

2 木、竹、藤质及仿真画框生态壁画

木、竹、藤质材料有天然的、独特的质地与构造，其纹理、年轮和色泽等能够给人们一种回归自然、返璞归真的感觉，画面用手工工艺原木画框或现代工艺的制作，加上各种材料的质感、性能，能达到其他绘画手段所不能达到的特殊艺术效果。

■ 原木画框空气凤梨植物壁画

■ 木制盒式画框空气凤梨植物壁画

■ 竹框镜面空气凤梨植物壁画

■ 木艺画框空气凤梨植物壁画

■ 原竹画框空气凤梨植物壁画

■ 仿真塑木方型画框空气凤梨植物壁画

■ 雕木画框空气凤梨植物壁画

竹艺画框空气凤梨植物壁画 ■
仿真塑木圆型画框空气凤梨植物壁画 ■
原藤画框空气凤梨植物壁画 ■

③ 空气凤梨植物的台饰

　　空气凤梨植物台饰的出现，改变了台面装饰只是以电脑、台灯、笔筒为点缀的单调局面，给人们带来了新奇的视觉感受，使室内充满了温馨、生动、绿色与时尚。

■ 竹艺果盘空气凤梨植物台饰　　　　　　■ 竹艺空气凤梨植物台饰

■ 铁艺空气凤梨台饰

■ 玻艺空气凤梨台饰

■ 铁艺、玻璃工艺空气凤梨植物台饰

■ 不锈钢丝铁艺
空气凤梨台饰

■ 竹炭工艺空气
凤梨花篮

■ 竹炭工艺空气
凤梨竹灯笼

■ 仿红木博古架空气凤梨植物台饰

空气凤梨植物窗帘及挂饰

在较大的空间内，结合室内装饰、装潢，在窗台、天花板、灯具、楼梯扶手等家具上吊放有一定体量的空气凤梨植物，可改善室内人工建筑的生硬线条造成的枯燥单调感，营造生动活泼的空间立体美感，且"占天不占地"，可充分利用空间，取得意外的装饰效果。

1 ∘ 空气凤梨植物窗帘

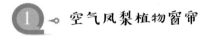

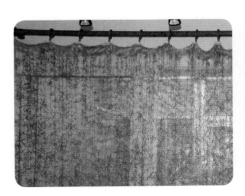

松萝空气凤梨的茎、叶呈线状，全株灰绿色，在适生地可达3米，具有很多的分枝。叶片上有用来吸收空气中的水分和养分的鳞片，所以松萝凤梨又有空气草之称。它无需泥土，不要花盆，懒人管理，只需少量喷水，便可生长，是悬垂吊挂式绿化装饰的最好植物材料。

　　用松萝空气凤梨编织成窗帘，附在窗纱上，作为外窗帘。既是绿化居室的一道美丽的风景线，又能吸收有害物质、夜间降低室内二氧化碳浓度。

② 空气凤梨植物屏风

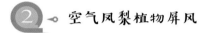

　　办公室、大厅和餐厅等室内某些区域需要分割时，采用空气凤梨植物屏风，或带某种条形或图案花纹的栅栏再附以空气凤梨植物，以使室内空间分割合理、协调，而且实用。

　　用栅栏当作墙进行空间间隔，在墙上挂上一些空气凤梨植物也是很好的装饰。植物天然的形态就是一幅美丽的画，而且这幅画还是有生命的，它每天都在不断变化，不时带给人们惊喜。集实用和观赏性于一身，使人们每时每刻都能感受到大自然的神奇魅力。

3 空气凤梨植物的挂饰

随着"绿色家居"观念的兴起，人们在家居装饰上逐渐将自然景观引入室内，从而可以在生活和工作中与大自然亲密接触。对室内立体空间的美化绿化装饰，已开始受到人们的重视。

（1）垂挂式 近两年由于室内植物新品种的应用，以及室内装饰要求的提高，传统的壁挂式绿化装饰已发生很大变化。有生命的植物垂挂等绿艺制品开始进入室内绿色装饰，美化和净化室内空间。

松萝空气凤梨生命力极强，耐干、耐光、耐风、耐热，而且形态奇异，所以常常被人们用作观赏植物来装饰居室，可垂挂在灯具、镜面、冰箱上。

（2）挂壁式 空气凤梨植物挂壁式饰品应考虑以摆设为主、养植为辅的原则，故要讲究其造型。要选择好你所喜欢的物件，如藤蔓、干枝、贝壳、树节、陶器等。空气凤梨家族包含很多不同尺寸、株型各异的品种，可用黏合剂进行固定，不需使用盆土或介质。

古藤质地坚韧、色泽光润、手感平滑、弹性极佳，是一种上好的天然编织材料。藤编工艺再配上无根植物，显得古雅而不乏时代新意。泡沫板容易造型，粘上空气凤梨植物，具有很强的实用性和艺术性，且适应于不同的环境。于寒室不觉其奢，于华堂不觉其陋，可谓贫富咸宜、雅俗咸宜。

空气凤梨花球

空气凤梨的单株生长 2～3 年后，就进入了开花期。有些品种既能赏花（繁花型）又能观叶，这些品种母株当年开花后，植株萎缩并产生子株，子株隔年开花，并再产生子株，最后形成丛生型空气凤梨球。适合形成空气凤梨花球的品种有斯垂科特（多国花）(*T.stricta*)、贝吉 (*T.berger*)、蓝细叶铁兰 (*T.jenuifolia* 'Blue')、危地马拉小精灵 (*T.jonantha* 'Guat')、贝吉杂交 (*T.bergeri* 'Hybrid')、蒙大拿 (*T.montana* 'Giant') 等。

■ 斯垂科特（多国花）*T. stricta* 花球

1 ◁ 空气凤梨花球品种

危地马拉小精灵
T. ionantha 'Guat'

花球

贝吉 *T. berger*

花球

杂交贝吉
T. lonantha 'Guatawx'
花球

蒙大拿
T. montana 'Giant'
花球

气花杂交
T. aeranthos 'Hybrid'
花球

蓝细叶铁兰
T. tenuifolia 'Blue'
花球

② 空气凤梨花球类型

空气凤梨花球分为两种类型，即自然形成型和人工制作型两种。

（1）自然形成型 将花球形丛生空气凤梨品种2～3丛用扎丝连接成团，并吊挂在温室或大棚的空中，由于空气凤梨具有向光性生长和子株生长快的特性，2～3年后可形成花球。

■ 扎丝连接成团　　　　　　　　　　　　　■ 吊挂在温室或大棚的空中

■ 2～3年后形成花球

（2）人工制作型 将当年开花的空气凤梨单株插在藤球球上的一种花球制作方法，用这种方法当年便可形成空气凤梨花球。

■ 选用不同规格的藤球

■ 将当年能开花空气凤梨单
　株或带花苞的植株插在藤
　球的藤孔中

■ 吊挂在温室或大棚的空中

■ 当年形成花球

空气凤梨的室内外生态景观装饰

空气凤梨植物生态装饰就是将过去人们在室内随意摆放的空气凤梨植物变为更加自然生态、艺术化。空气凤梨植物在生态装饰中的配置和栽培，实际上是一种艺术和技术的融合。

围绕"把生态搬回家"这个主题，运用美学原理，按照室内绿艺设计的原则，利用空气凤梨植物无需土壤和花盆，便于管理的特点，采用了空气凤梨集群组景，架构组合花艺的现代室内植物造景和栽培管理技术，从而充分利用有限的室内空间，体现立面造景，使室内室外融为一体，体现动和静的结合，达到人、室内环境与大自然的和谐统一。

1 空气凤梨集群组景 (多品种空气凤梨及生态资材组合种植)

■ 空气凤梨／沉木组景

■ 空气凤梨／树根桩组景

■ 空气凤梨／景观石组景

■ 空气凤梨／假山组景

■ 空气凤梨／园林小品组景

② 架构组合花艺

■ 空气凤梨／园艺花架组景

■ 空气凤梨／木艺生态组景

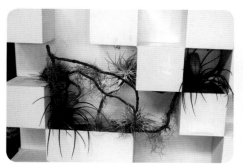

■ 空气凤梨／魔方园艺组景

■ 空气凤梨／藤吊顶组景

■ 空气凤梨／组合展销组景

■ 空气凤梨／铁艺及玻艺组景

■ 空气凤梨／花博会布展组景

3 空气凤梨植物雕塑

■ 空气凤梨／属相造型

■ 空气凤梨／天女散花造型

■ 空气凤梨／乐队造型

■ 空气凤梨／蝶恋花造型

■ 空气凤梨／大白兔造型

④ 室内生态装饰

■ 空气凤梨／门庭壁饰

■ 空气凤梨／落地窗纱

■ 空气凤梨／卧室装饰

■ 空气凤梨／客厅壁橱

5 生态旅游展示

- 空气凤梨／生态
  旅游展示（壁画）
- 空气凤梨／生态
  旅游展示（生态墙）
- 空气凤梨／生态
  旅游展示（隔断）
- 空气凤梨／生态
  旅游展示（茶艺厅）
- 松萝空气凤梨窗帘长廊
- 空气凤梨／生态旅游展示（仿真山水）

Part 6

空气凤梨的室内养护

由于空气凤梨植株的特殊构造，株型独特，抗逆性强，适应性广，观赏性极强，可用于室内栽培，或任意加工栽培，很多花商都说空气凤梨非常好栽种，似乎成了无需管理的植物，"只要丢着就会活"。但真正买回家后却发现空气凤梨一天天"憔悴"，最后果真变成了不需管理的干花。其实，要达到少花时间管理也能顺利生长，还是得先了解空气凤梨的生长习性，并给予适当的生长条件。

🌱 光照

　　空气凤梨喜通风良好，但更重要的是半日照。空气凤梨应放置在比较明亮但有遮阴的地方，以窗户边、客厅或书房的灯光下、办公室较为适合，冬季从12月至翌年的3月底可直接日照。如果养在地下室等比较暗的地方，应每天给予8～10小时的人工照明，在日光灯或普通灯色下都可以长得很好。同时，应每周一次拿到较亮的地方放1～2天。银灰色叶片品种较绿色叶片品种需要光线更多，也更耐旱。

🌱 温度

　　空气凤梨适宜的室内温度在8～32℃，最适生长温度为15～25℃。高于25℃则需适当遮阴。如室内温度在32～40℃时属干热，则每日喷水1次。冬季室内温度在0～8℃时，应注意减少喷水次数，每周1～2次为宜，增强其抗寒性。

🌱 水分

　　在原产地，空气凤梨水分完全从空气中吸收，自行光合作用。水分多少依气候调整，浇水以喷雾状最佳，且以根茎处不积水为要，需通风良好。喷水较多时，

应将植物倒过来将水滴干，叶心积水超过 72 小时，植物容易窒息而死。不浇则已，浇必浇透。大多数品种 2 天浇 1 次水，若下雨则无需浇水；若炎热干燥且刮强风，建议每天浇水。

🌿 施肥

空气凤梨生长缓慢，施肥可促进其生长、开花，并保持良好的景观效果。可用空气凤梨专用肥稀释 1500 倍后，当水一样喷雾，施肥前，最好是先喷一层水，再喷一层稀释过的肥料，隔 1 小时后再喷一层水清洗残留的肥料。施肥的时机：首先要确定植株已经适应环境（有新叶片长出、新芽膨大、有些品种长出假根）。其次，气温不要超过 28℃，最好是春天新芽冒出时和秋天花苞即将形成时。在冬季属休眠期，11 月至翌年 3 月不用施肥。

🌿 移植方法

空气凤梨花期前后会从植株基部或叶腋处会长出一个或数个小苗，待生长至母株 1/3 大小时可用手将子苗分开，伤口干 1～2 天后方可栽植。用任何黏剂，包括热熔胶、瞬间胶、双面胶、矽力康或细鱼线等，将小苗固定在任何固体之上，可种植在包括冰箱门、水晶石、贝类、玻璃镜面等地方。

病菌感染及生理病害的防治

空气凤梨生性强健，几乎没有病虫危害。但管理不善，也会造成病菌侵入，形成危害，常见病害有以下几种：

1 ○ 霉菌、细菌感染

因长时间潮湿而导致霉菌感染，其枯萎的地方会持续扩大。若霉菌感染是干的，不但会扩大，而且在溃败处的边缘会有病斑；若细菌感染会有宛如水浸状的伤痕，且有怪味，应将病患部位切除。不过最易感染的是刚进口的植物，因为经过长时间的运输，长期闷在箱子里，所以很容易染病。感染部分应尽快切除（伤口再涂上杀菌粉），伤口干燥后就会慢慢好转。

2 ○ 积水烂芯

长期花芯中积水不排干，从外观上看大部分叶片还是绿色，但用手捏其茎部，会发现基部松软，叶片易松散脱落，内部已严重积水软化。这就是常见的腐心病，若发现太晚还会发臭黑心。遇到这样的状况提早发现还有救治的机会，即如剖开外围的叶片后，中心部分还是硬的其存活的机会会较大。剔除基部腐烂松散的叶片后，若基部还是湿的，可用电吹风吹干，排出多余水分（电吹风离空气凤梨约30厘米，并不时晃动电吹风以免过热）。然后尽心养护，可慢慢恢复，长出新叶。

③ 水分和光照不足

从空凤的外观上看，出现叶端干枯、整株缩小、核心干软、叶片中心向外扩张、叶子弯曲过度等特征，这是水分不足的表现。建议增加喷水次数，保持一定湿度。光照不足时空凤表现为茎干拉长，某些本身带有红色的叶片转绿或新长出的叶片偏嫩。此时需要加强光照，而空凤的习性是喜欢安定的环境，若要改变它的环境加强光照，建议采用渐进式，以1周为周期做观察，找出最适合其生长的环境。

空气凤梨属于忌钙质植物，因此不要将空气凤梨黏附在珊瑚、钟乳石等含钙量较高的材料上。在水质较硬的北方地区最好用蒸馏水、纯净水或其他pH（6～7）较低的水向植株喷洒。

参考文献

刘海涛，吴焕忠，1998. 观赏凤梨. 广州：广东科技出版社.

清水秀男，1998. Tillandsia Handbook. 东京：日本诚文堂新光社出版.

图书在版编目（CIP）数据

空气凤梨初学者手册 / 俞禄生, 刘伟忠编著. —— 北京：中国农业出版社, 2019.1
ISBN 978-7-109-25132-8

Ⅰ.①空… Ⅱ.①余… ②刘… Ⅲ.①凤梨科－观赏园艺－技术手册 Ⅳ.①S682.39-62

中国版本图书馆CIP数据核字(2019)第000732号

中国农业出版社出版

（北京市朝阳区麦子店街18号楼）（邮政编码 100125）

责任编辑 郭晨茜 国 圆 孟令洋

北京通州皇家印刷厂印刷
新华书店北京发行所发行
2019年1月第1版
2019年1月北京第1次印刷

开本：700mm×1000mm 1/16
印张：7.5
字数：180千字
定价：46.00元